再晚也要一起吃晚餐

白坂麻子 著　葉韋利 譯

什麼是「晚晚餐」？

　　我們家因為夫妻都在外工作的關係，每天的三餐並不是早餐、午餐、晚餐，而是早餐、午餐、晚晚餐。

　　比一般晚餐時間更晚一些，所以我稱為「晚晚餐」。

　　想跟家人一起吃頓飯，但夫妻都要上班，有時候下班回到家都已近十點。如果還要清點冰箱裡有什麼、確認菜色再依照食譜做菜的話，實在太辛苦。而且夜裡吃太多也會擔心體重居高不下。

　　本書介紹的「晚晚餐」，大多以方便迅速、好吃又熱量低的單品料理為主，並且都能獲得充實的飽足感。透過《再晚也要一起吃晚餐》想跟各位讀者分享的是我在家中日常做的「晚晚餐」，以及隨時都能從冰箱拿出來，馬上享用的「常備菜」做法。

本書使用方法

　　比起一般食譜，我希望讀者能盡量利用頁面中空白的部分，當做料理筆記來使用。嘗試我介紹的做法之後，可以加入自己的巧思，或是挑戰以其他材料來取代等，相信能激盪出更多不同想法。把想到的重點寫在書上，最後就能完成一本「私家食堂晚晚餐」的獨一無二專屬食譜集！

　　本書善用了便利貼的設計概念，各位也可以為自己做的菜拍照，夾入照片，再貼上便利貼來加註一些注意事項，如果能讓整本書胖到闔不起來那是最好不過了！

　　好啦，一起用餐的人差不多要回家了，讓我們來動手做一頓美味晚晚餐吧！

晚晚餐的菜色

營養均衡

　　我喜歡花時間慢慢做宴客料理，但因為也想要保有自己的時間，希望日常三餐能做得方便迅速。話雖如此，卻不能偷工減料，蔬菜也要大量攝取，務必達到營養均衡！因此我平常在家吃飯或是做便當時，都會特別留意要納入紅、黃、綠、褐、黑、白這基本六色的食材。只要把握這個重點，日常三餐或便當的營養就能全面均衡，色香味俱全。

紅…紅蘿蔔、番茄等
　　含有豐富維他命 A

黃…雞蛋、南瓜等
　　能攝取均衡的營養

綠…青花菜、菠菜等
　　富含維他命 C 及食物纖維

褐…肉類及魚類等
　　有豐富蛋白質

黑…海帶芽、羊栖菜等海藻類
　　是礦物質的寶庫

白…米飯、烏龍麵、義大利麵、麵包等
　　對心靈跟頭腦都很重要的碳水化合物

　　要設計出營養均衡的菜餚的確很辛苦，但只要注意外觀上的這六個顏色，應該就不會太困難。至於挑選蔬菜的方式，可以看看特別企劃小專欄（ P.106），這都是行家中的行家親自傳授，請多多參考。

　　我很重視能做出讓視覺獲得滿足的料理,所以,當看到一些美麗的餐具能把我的料理襯托得更可口時,就覺得很開心。經常有朋友跟我說:「妳的餐具也好漂亮哦!用了不同的餐具,感覺料理都變好吃了!」的確如此,有時只思考料理本身也會遇到瓶頸,我就轉換方式,用自己喜歡的餐具或桌巾擺盤,襯托食物,讓整體看起來更棒。

從完成階段反推

　　要簡單、便利地做出美味料理,做菜之前得先在腦中想像一下全部流程。

　　首先是備料。**別管是哪個步驟要用的,總之先把所有材料一起切好。**這麼一來,就不必花多次工夫拿出菜刀、削刀,或是在炒菜快完成時才想到缺了什麼,手忙腳亂。

　　預先燒開水也比想像中來得重要。因為要煮湯、燙青菜,一定需要用到。我平常在家裡就靠電熱水瓶。

　　另外一點,**一開始就把需要混合的調味料調好。**測量材料也需要花不少時間,話雖如此,不常做的菜色若是不先量好份量,就容易失敗。在不假思索下動手做,跟先想像好成品再做,兩者的口味會相差很多。慢慢建立起一套有自我風格的規則,習慣做菜之後,速度就會越來越快。

調味及烹調器具

　　在收錄文章出書時,曾把書中所有菜色都試做一次,當時是請多位朋友一起幫忙。由於口味會因為個人喜好有差別,希望讀者參考本書之餘,也能找出屬於自己的口味。

　　另外,也有人說可能由於使用的鹽及鍋具不同而做出口味不盡相同的成品。因此,我先列出自己平常使用的調味料及器具。

- ●鹽/天日湖鹽(木曾路物產株式會社)
- ●砂糖/土之日記蔗糖 100% 粗糖
- ●沾麵露/3 倍濃縮
- ●蒜泥、薑泥/市售軟管產品
- ●平底鍋/鐵氟龍加工
- ●微波爐/ 500W
- ● 1 杯= 200cc
- ●煮義大利麵時,請在一公升熱水中加入 2 小匙鹽。
- ●考量晚歸也能迅速上菜,高湯用的是市售的粉狀產品。不同廠牌成分也有差異,用量可依照包裝上的使用說明。

005

Contents

006

CHAPTER 1　一起吃的「晚晚餐」

008

CHAPTER 2　利用假日製作的「常備菜」

Let's Do It!

CHAPTER 1

一起吃的「晚晚餐」

每天做飯時，我都抱著這種心情——

下班後回到家雖然已經很晚，

但還是很想一起吃頓飯……

不是晚餐，而是「晚晚餐」。

我做的都是單品菜色，使用的餐具不多，

飯後清洗也很簡便。

把心思多放一點在菜餚的口味與份量上，

當然，還要加入滿滿的愛！

梅子照燒茄子蓋飯

只要有茄子跟調味料，

就能做出這道健康料理。

重點在於茄子要切得稍厚一些，

然後放在平底鍋裡煎，

不要翻太多次。

材料：2 人份

茄子…2～3 根
白飯…2 碗
綠紫蘇…5 片（切絲）
醃梅干…適量（切碎）
白芝麻…適量

橄欖油…1 大匙

A
醬油、酒、味醂…各 2 大匙
醃梅干…1～2 顆（切碎）

做法：

1. 茄子縱切成 5mm 的厚片。放進加入橄欖油的平底鍋，兩面煎到上色。

2. 在 1 中加入 A，拌炒到湯汁收乾。

3. 在盛白飯的碗裡鋪上 2，加入綠紫蘇絲裝飾。可依照個人喜好，撒上白芝麻或佐梅肉一起吃。

裝盤時留意茄子鋪排的方向。排得漂亮能讓美味倍增唷！

麻子
memo

蜂蜜芥末烤雞蓋飯 佐溫泉蛋

看起來像一道功夫菜，其實非常簡單，

令人充滿喜悅的主菜！

搭配麵包或米飯都好吃，也很適合帶便當。

這次以單品料理呈現，

所以決定做用大碗盛裝的蓋飯。

材料：2 人份

雞腿肉…1 片
彩椒（紅、黃）…各 1/4 顆
白飯…2 碗
溫泉蛋…2 顆（做法見 P.136）
蘿蔔芽、芽菜、萵苣等個人喜愛的蔬菜…適量

鹽、胡椒…適量
太白粉…適量
橄欖油…1 大匙

A
蜂蜜…1 大匙
顆粒狀芥末…1 大匙
水…1 大匙
醬油…1/2 大匙
酒…1/2 大匙
蒜泥…少許

做 法：

1. 雞肉切成一口大小。彩椒縱切成約 1.5 公分的小片。雞肉撒上鹽、胡椒，沾太白粉。

2. 平底鍋內倒入橄欖油加熱，雞肉從帶皮的一面開始煎，煎到上色後翻面，兩面都煎到金黃色。接著將 A 淋上雞肉，轉小火慢熬，加入彩椒，蓋上鍋蓋悶 3 至 5 分鐘。

3. 在碗裡盛白飯，鋪上 2 的雞肉和彩椒，淋上平底鍋裡剩餘的醬汁，最後鋪上蘿蔔芽等喜愛的蔬菜及溫泉蛋。

麻子
memo

雞肉沾了太白粉，醬汁會自然變得濃稠，裹著雞肉與蔬菜，嚐起來更美味。

蘿蔔泥豬肉蓋飯

要是能把涮肉片鋪在白飯上，

一定很好吃！

在餐廳裡吃到搭配大量青蔥的涮肉片，

成了這道料理的靈感，實在難忘那種美味。

醬汁也可使用市售的柑橘醋。

材料：2 人份

豬肉（火鍋用肉片）…150g
日本長蔥…1 根
金針菇…1/2 包
蘿蔔泥…4 大匙
白飯…2 碗
綠紫蘇…3 片（切絲）

A
醬油…1 大匙
砂糖…1 小匙
醋…1 大匙
麻油…1 小匙

做法：

1. 把 A 的材料混合製成醬汁。豬肉切成一口大小。日本長蔥斜切成薄片，金針菇切掉根部後切成一半長度。

2. 在鍋子裡燒熱水，依序將日本長蔥、金針菇、豬肉放入熱水汆燙，最後一起撈出來。

3. 在碗裡盛白飯，依序鋪上蔬菜、豬肉、蘿蔔泥，最後淋上醬汁，再撒綠紫蘇絲。

麻子
memo

一般認為涮涮鍋是要將肉用沸騰的熱水汆燙，事實上最理想的溫度是七、八十度，也就是開始冒出蒸氣的階段。這個溫度肉就能燙熟而且保持軟嫩！

蕈菇糙米燉飯

糙米顆粒分明的口感最適合做燉飯，

吸飽菇類鮮美精華的糙米散發芳香，

加上奶汁濃醇風味，

是相當細緻溫潤的一道燉飯。

材料：2人份

糙米（事先煮熟）⋯2 碗
個人喜愛的菇類⋯250g
鮮奶油⋯1/2 杯
荷蘭芹⋯適量（切碎）

奶油（或乳瑪琳）⋯1 大匙
西式高湯粉⋯1 小匙
水⋯4 大匙
鹽、胡椒⋯少許

做法：

1. 直接用手將菇類撕成適當大小。在鍋子裡放入菇類、水、西式高湯粉、奶油及少許鹽，蓋上鍋蓋用大火加熱 4 至 5 分鐘。

2. 在 1 的鍋子裡加入糙米，輕輕攪拌，轉小火讓糙米吸收湯汁。水分收乾之後加入鮮奶油，迅速拌勻到黏稠狀。

3. 用鹽、胡椒調味後裝盤，撒上切碎的荷蘭芹。

麻子
memo

菇類有鴻喜菇、舞菇、香菇、杏鮑菇、蘑菇等，挑自己喜愛的即可。其中以鴻喜菇的口感跟燉飯最相配，不可或缺。

一定要推薦給大家的
紫蘇火腿飯

我最喜歡這道了！
用稍微沾點醬油的火腿肉
捲起熱呼呼的白飯，
吃一口⋯⋯嗯～讚！

麻子
memo
火腿跟紫蘇的組合，
意想不到的麻吉。

材料：2人份

火腿肉…4 片
綠紫蘇…5 片
醬油…少許
白飯…2 碗

做法：

1. 火腿肉跟綠紫蘇切成一半。

2. 在碗裡盛白飯，交錯鋪上綠紫蘇跟火腿肉，淋上醬油。

3. 吃的時候用火腿跟綠紫蘇包裹白飯。

鮭魚番茄涼拌飯

這是一道番茄跟鮭魚完美搭配的飯類料理。

使用醬油來涼拌,也很下飯。

把鮭魚換成鮪魚也一樣好吃。

材料：2人份

鮭魚生魚片…約 100g
番茄…1 顆
青蔥…適量
蒜泥…少許
白飯…2 碗
海苔絲…適量

橄欖油…1 大匙
鹽、胡椒…各少許

做 法：

1. 番茄和鮭魚切成 1.5cm 丁狀，青蔥切成蔥花。

2. 將 1 的番茄和鮭魚以及一半的蔥花放進大碗，加入橄欖油、蒜泥拌勻，再用少許鹽、胡椒調味。

3. 在碗裡盛白飯，撒上海苔絲，鋪上大量的 2。將另一半蔥花撒在最上方即完成。

麻子
memo

做簡單的料理時，如果用好一點的調味料，就能大大提升美味。如果可以最好使用初榨橄欖油。

麩非常入味，很好吃的一道菜。

吃起來有飽足感，卻非常健康，

也適合帶便當。

這次用五穀米，

菜餚跟飯直接裝成一盤。

無肉版馬鈴薯燉麩盤

材料：2人份

車麩（大）…2片
馬鈴薯…中型2顆
洋蔥…1/2顆
五穀飯…2碗
西洋菜…適量
麻油…1大匙

A
砂糖…2大匙
醬油…2大匙
酒…3大匙
水…1杯

做法：

1. 車麩用水泡發後，用雙手掌心夾住把水分完全擰乾，切成四等份。馬鈴薯也切成四等份後放入耐熱容器，蓋上保鮮膜用微波爐加熱5分鐘。洋蔥縱切成1cm寬。

2. 鍋子裡倒入麻油加熱，迅速拌炒車麩，再加入馬鈴薯、洋蔥及A煮到沸騰。煮滾之後關小火，蓋上一張鋁箔紙悶煮約10分鐘。

3. 等到湯汁收到約1/3再拿掉鋁箔紙，繼續滾煮約兩分鐘。裝盤後加上五穀飯，再以西洋菜裝飾。如果使用較重的調味，也很適合帶便當。

放一個晚上也好吃，一次可以多做一些！

麻子
memo

蕈菇雞肉蓋飯

雖然份量十足，

但用的是菇類，熱量大大降低！

使用多種喜歡的菇類更好吃。

菇類的鮮甜成分容易溶於水，清洗之後就沒那麼好吃。如果覺得帶有髒污，用布擦乾淨即可。

麻子
memo

材料：2 人份

雞腿肉…1/2 片
個人喜愛的菇類…適量
（這次用的是舞菇、鴻喜菇、杏鮑菇各 1/2 包）
白飯…2 碗
海苔絲…適量
蘿蔔芽、綠紫蘇、芝麻…適量

橄欖油…2 小匙

A
酒…2 大匙
味醂…1 大匙
醬油…1 大匙

做 法：

1. 雞肉切成 2cm 左右的丁狀，菇類去柄切成一口大小。

2. 平底鍋倒入橄欖油加熱，用大火快炒雞丁。等到雞肉變色後，再加入菇類拌炒。等菇類均勻裹上橄欖油之後再倒入 A，炒到湯汁收乾。

3. 在碗裡盛白飯，撒上海苔絲，鋪上 2。依照個人喜好加入蘿蔔芽、綠紫蘇及芝麻。

茄子跟菇的滋味都很鮮明，

就算無肉也令人滿足。

更棒的是用微波爐調理，好方便。

吃晚晚餐時，

可多加點蔬菜絲來取代白飯份量。

茄子舞菇韓式辣醬拌飯

材料：2 人份

茄子…2 條
舞菇…1/2 包
白飯…2 碗
萵苣…2 片（切絲）
蔥花…適量
溫泉蛋…2 顆（做法見 P.136）
白芝麻…適量

鹽…少許
沾麵露（3 倍濃縮）…1 大匙
水…1 大匙
麻油…2 小匙
韓式辣醬…1～2 大匙

做法：

1. 茄子去蒂，削皮後切成 8 至 10 等份，舞菇用手撕成一口大小。把茄子跟舞菇放進耐熱容器，加入鹽、沾麵露、水、麻油輕輕混合後，蓋上保鮮膜。

2. 把 1 用微波爐加熱 2 分 30 秒，拿出來拌勻一次，再加熱 2 分鐘。如果出水較多，先瀝掉水分再加入韓式辣醬拌勻。

3. 在碗裡盛飯，依序鋪上萵苣絲、2 的材料跟蔥花。依照個人喜好撒上白芝麻，在正中央打一顆溫泉蛋。

吃之前記得一定要
攪拌均勻唷！

麻子
memo

炙燒鮪魚蓋飯

這道鮪魚蓋飯，

是仿效生肝沾鹽和麻油吃起來的感覺。

即便是低價鮪魚，表面經過火烤也會變得很好吃。

除了鮪魚，也可以用鰹魚來做。

材料：2人份

鮪魚生魚片（紅肉）…1塊
（厚度在 2.5cm 以上）
白飯…2 碗
蘿蔔芽、青蔥、綠紫蘇等提味香菜…適量
（這次用的是青花菜芽）
白芝麻…適量

鹽、黑胡椒…適量

A
麻油…2 大匙
鹽…1 小匙

做法：

1. 一整塊鮪魚在兩面撒少許鹽及大量黑胡椒。用手按壓讓黑胡椒牢牢附在表面。把A的材料混合，製作鹽味醬料。

2. 用叉子叉起鮪魚兩端，用大火烤均勻直到表面變色即可。

3. 鮪魚切成薄片。在碗裡盛白飯，依照個人喜好撒點白芝麻，鋪上切好的鮪魚片。撒上大量黑胡椒，再淋上A，最後鋪上提味香菜。

加入比一般用量多一點的黑胡椒才好吃。

麻子
memo

中式蔬菜乾咖哩

三兩下就迅速完成這道中式乾咖哩。

使用大量蔬菜，營養滿分。

除了雞肉之外，

也可以隨喜好換成豬肉或牛肉！

雞肉…200g
中型茄子…3 條
杏鮑菇…1 包
青椒…3 顆
蒜末、薑末…各 2 小匙
白飯…2 碗

麻油…1 大匙＋少許
咖哩粉…2 大匙
蠔油…1 大匙
酒…2 大匙
醬油…1 大匙
鹽、黑胡椒…適量

材料：2 人份

做法：

1. 茄子去蒂，滾刀切成一口大小的塊狀，青椒、杏鮑菇也用相同方式切塊。雞肉切成一口大小。平底鍋加熱後倒入 1 大匙麻油，先用大火快炒茄子，上色並煮軟之後，先取出備用。

2. 在 1 的平底鍋裡再倒入少許麻油加熱，用中火炒雞肉。待雞肉炒到上色加入蒜末、薑末拌炒。炒香後加入 1 的茄子、青椒、杏鮑菇拌炒。

3. 在 2 裡加酒迅速拌炒，再加入咖哩粉、蠔油、醬油炒勻。試一下味道，如果不夠可以用鹽、黑胡椒來調味。在容器裡盛飯，鋪上完成的咖哩。

使用家庭常備的泡菜豬肉做成的一道簡單飯食。

只要取出需要的份量，

用微波爐加熱，迅速又方便。

泡菜豬肉蓋飯

材料：2人份

白飯…2 碗
泡菜豬肉…喜好的份量（做法見 P.132）
（依照個人喜好取用，用微波爐加熱）
豆芽…1/2 包

蔥花…適量
蛋黃…2 顆

A
雞湯粉（顆粒）…少許
麻油…1 小匙
鹽、胡椒…少許

做法：

1. 豆芽摘掉根部，放進耐熱容器蓋上保鮮膜，用微波爐加熱 1 分 30 秒，取出後瀝掉水分。加入 A 拌勻。

2. 在碗裡盛白飯，依序鋪上 1、泡菜豬肉、蔥花及蛋黃。

吃之前建議要用力攪拌，才會好吃。剩下的蛋白可以煮湯，或是冷凍起來做甜點時使用。

麻子
memo

醃蘿蔔納豆飯

我最喜歡用麻油跟鹽簡單調味的冷豆腐，

所以猜想換成納豆應該也很好吃，

試做之後就愛上了！

這一道也是我的偷懶私房菜。

材料：2人份

納豆…1 盒
醃蘿蔔…40g（切成 5mm 丁狀）
白飯…2 碗

麻油…1 小匙
白芝麻、鹽…適量
蘿蔔芽…適量

做 法：

1. 在大碗裡加入納豆（不加醬汁）、醃蘿蔔、麻油跟鹽，全部拌勻。

2. 把 1 淋在白飯上，撒白芝麻。依照各人喜好加點蘿蔔芽裝飾。

3. 用海苔捲著飯吃更美味。

這道帶點鹹味的飯食，有黏糊糊的納豆跟爽脆的醃蘿蔔，保證一吃就上癮。

麻子
memo

豆腐炸屑蓋飯

當初的想法是——

既然有炸蝦蓋飯，

應該也可以有炸屑蓋飯吧？

這道蓋飯用的就是豆腐跟炸屑。

炸屑入口即化，好吃地不得了。

材料：2人份

板豆腐…1塊
炸屑…1杯
白飯…2碗
蔥花…適量

A
酒…2大匙
砂糖…2大匙
醬油…2大匙

七味辣椒粉…適量

麻子 memo

用新鮮炸屑會大幅提升美味！可以到超市的炸物區直接問店員有沒有賣新鮮炸屑。

做法：

1. 把炸屑放入鍋子裡加熱拌炒，待炸屑稍微變成金黃色且滲出油時，把豆腐用手撕碎加入，一起拌炒。

2. 炸屑跟豆腐充分混合後，加入 A 再繼續炒。

3. 在碗裡盛飯，鋪上大量的 2。撒上蔥花後再依個人喜好撒點七味辣椒粉。

蔬菜燴飯

這道飯用的全是蔬菜，

非～常健康！

是一道很適合「清冰箱」的料理。

冰箱裡剩下的蔬菜，

全都可以下鍋。

材料：2 人份

蔬菜可依個人喜好調整
茄子…1 條
番茄…1 顆
舞菇…1/3 包
鴻喜菇…1/2 包
四季豆…5 根

蘘荷…1 根
白飯…2 碗

A
高湯…6 大匙（90cc）
味醂…3 大匙
淡味醬油…2 大匙

太白粉…2 小匙（加等量的水溶解）

做 法：

1. 蔬菜切成薄片，菇類切成一口大小。

2. 在鍋子裡加入 A，煮滾之後把蔬菜、菇類全部加入。蔬菜煮熟之後再倒入太白粉液勾芡。

3. 在碗裡盛飯，淋上 2 之後在最上方加一撮蘘荷。

為了讓蔬菜能同時間煮熟，記得要切成差不多的厚度。

麻子
memo

靈感來自

是不是能把豆皮壽司變成蓋飯的吃法。

豆皮吸飽滿滿湯汁，

在嘴裡瞬間擴散。

這道蓋飯需要的材料很少，非常簡單。

豆皮青蔥蓋飯

麻子
memo

豆皮一定要挑好吃的。
最後也可以加一顆蛋拌
著飯一起吃。

材料：2 人份

豆皮…2 片
青蔥…1 把
白飯…2 碗

A
水…4 大匙
味醂…2 大匙
醬油…1 大匙

花椒粉…適量

做法：

1. 豆皮用熱水燙過，對半縱切之後，再切成 5mm 寬的絲狀。青蔥斜切成 4cm 的蔥段。

2. 在鍋子裡加入 A，煮滾之後放入豆皮絲。豆皮煮軟之後加入青蔥，滾一下就可以。

3. 碗裡盛白飯，鋪上 2，再依照個人喜好撒點花椒粉。

在家也能簡單做的
泰式打拋飯

用家裡現成的材料簡單做！

這道料理的關鍵就在羅勒跟魚露，

聞著令人喜愛的異國香氣真幸福。

材料：2人份

雞絞肉…250g
甜羅勒葉…約 15 片
青椒…2 顆
辣椒…2 根（切碎）
蒜泥…1 小匙
荷包蛋…2 顆
白飯…2 碗

A
魚露…1 大匙
蠔油…2 大匙
醬油…1 小匙
砂糖…1 小匙
酒…1 小匙

做 法：

1. 青椒切成 5mm 的細丁。羅勒葉也切碎。A 的材料混合備用。

2. 平底鍋裡倒進沙拉油，加入辣椒炒香之後再加入雞絞肉拌炒。絞肉炒到變色之後再加入青椒丁一起炒。

3. 在 2 中加入 1 裡調好的調味料 A，跟材料拌勻。加入羅勒葉後等到所有材料炒軟就能關火，鋪到盛有白飯的碗裡。最後加一顆半熟荷包蛋。

荷包蛋好吃的祕訣在於用大量油，用近似半炸半煎的做法！

麻子
memo

糙米繽紛沙拉

只要將預先煮好的糙米冷凍起來，

隨時都能做這一道。

蔬菜可以隨意搭配，

請各位靈活運用冰箱裡的現成食材。

各色蔬菜搭配得宜的話，

也可以變身豪華的宴客料理。

材料：2人份

糙米（預先煮好）…1 碗

青花菜…3 小朵

（事先汆燙或用微波爐加熱）

小番茄…5 顆

黃甜椒…1/4 顆

黑橄欖（去籽）…3 顆

A

醋（家裡有的話最好用紅酒醋）…2 小匙

橄欖油…2 小匙

鹽、胡椒…少許

白芝麻…適量

做 法：

1. 糙米迅速用水洗過，充分瀝乾水分備用。

2. 各種蔬菜都切成 5mm 的細丁。

3. 在大碗裡加入 A 的材料，製作醬汁。再加入糙米、2 的蔬菜後拌勻。裝盤之後撒點白芝麻。

醬汁也可以直接使用市售的法國醬。

麻子
memo

迷你豆皮壽司

我不喜歡一口飯吃到滿嘴都是……

所以想到了可以一口吃掉的豆皮壽司。

形狀也設計成三角形，

很可愛唷！

材料：2人份

滷豆皮…6 片（做法見 P.124）

醋飯
白飯…約 2 碗
醋…2 大匙
砂糖…1 大匙
鹽…1 小匙

做法：

1. 把滷豆皮的開口轉到面向自己，對半縱切。

2. 將醋飯所需材料除了白飯之外全部混合（讓砂糖溶解），倒入熱熱的白飯裡製作醋飯。

3. 豆皮裡塞入醋飯，將左右兩側折起封口後裝盤。

麻子 memo

醋飯裡也可以依照喜好加入芝麻或堅果。

帶著些微甜味的白味噌年糕湯，

風味獨特、對健康有益的糙米年糕，

不止能用在晚晚餐上，

也很適合當小點心。

糙米年糕湯

材料：2人份

糙米年糕…4 片
醃梅干…2 顆
高湯…2 杯
海苔…適量

白味噌…2 大匙（約 35g）

做 法：

1. 高湯在鍋子裡煮沸後，調成小火拌入味噌調勻。

2. 在 1 裡加入糙米年糕煮軟。

3. 把年糕盛到碗裡，倒進湯汁，撒上撕碎的海苔跟醃梅干，輕鬆上桌！

如果沒有糙米年糕，用一般年糕當然也 OK。

麻子
memo

高麗菜多多的
豪華大阪燒

煎得香噴噴的豬肉跟高麗菜，

搭起來怎麼會這麼好吃呢？

把美乃滋擠成翅膀的圖案，

看起來更豪華。

材料：2人份

山藥泥…50g（長度約5cm）
麵粉…4大匙（約30g）
高湯…80cc
鹽、胡椒…少許
蛋…2顆
豬五花肉薄片…4片
高麗菜…1/4顆（切絲）

大阪燒沾醬…適量
美乃滋、海苔粉、柴魚片…適量

做法：

1. 大碗裡加入麵粉跟高湯攪拌，再加入鹽、胡椒、山藥泥充分拌勻。拿另一個碗將一顆蛋打散，加入一半的麵糊跟一半的高麗菜絲，再充分攪拌。

2. 平底鍋熱鍋之後倒1小匙沙拉油，倒進麵糊，整成扁圓形。鋪上切成一半的豬五花肉，蓋上鍋蓋（沒有鍋蓋的話可以蓋鋁箔紙），用小火煎7至8分鐘，翻面後不加蓋再煎6分鐘左右。

3. 裝盤後塗上沾醬，依照個人喜好撒上海苔粉、柴魚片。依照相同步驟再煎另一片。

有時間的話，可以在拌入蛋液之前把材料放進冰箱冰30分鐘，會更好吃。

麻子
memo

番茄麵包粥

番茄口味的鹹粥，材料竟然是麵包！

令人意想不到的組合，

卻有說不出的溫潤好滋味，

讓人感到滿心喜悅。

材料：2人份

番茄罐頭……1 罐
大蒜…1 瓣
羅勒葉…10 片

水…3 杯
西式高湯粉…1 小匙
鹽、胡椒…適量
個人喜愛的麵包…80g
（法國麵包或吐司等，變硬的也無妨）

可依照個人喜好淋橄欖油或撒起司粉，會更好吃。照片中的加了羅勒葉裝飾唷！

麻子
memo

做法：

1. 麵包切成適量大小，用大蒜切口在表面塗抹幾下。

2. 鍋子裡加入罐頭番茄、撕碎的羅勒葉、水、西式高湯粉，加入 1 的麵包。另外，將 1 中剩下的大蒜壓碎加入。加熱過程一邊攪拌到麵包呈糊狀。

3. 燉煮成粥狀後再用鹽、胡椒調味。

用智慧型手機
拍出誘人美食的
小訣竅

　　本書刊載的照片全都是我自己用 iPhone 拍攝的。沒錯，就只是拿一支智慧型手機迅速拍下來。我在美食分享 APP「miil」上傳料理照片，獲得其他朋友按「讚」時，經常也有人問我：「食物要怎麼拍才能拍得漂亮？」我就在這裡分享幾個小訣竅。

訣竅 1· 重點就在速戰速決！

料理剛起鍋時最好吃，可不能耐著性子慢慢拍照。迅速拍個兩、三張就趕緊趁熱開動。

訣竅 2· 食物照最重要的就是構圖！

只要學會幾種「看起來美味」的構圖，就能在組合之下拍出好照片。一開始可以從模仿好照片來練習。

訣竅 3· 建議使用正方形的照相軟體！

使用智慧型手機的內建相機時，困難的地方就在於把料理納入相框內。我個人偏好用正方型相框的照相軟體。詳細內容請見P.59。

特別留意 · 光線

想在自家餐桌上執行可能有點困難，但如果能讓光線從料理後方照入，一般來說都能拍得不錯。也就是説，跟一般拍照的概念不同，最好採逆光的位置。拍攝時關掉閃光燈，使用自然光線最佳。可以在家中事先找個採光好的地方（最佳地點應該會因時段而異）。

特別留意 · 對焦

智慧型手機的螢幕小，較難確認是否正確對焦，經常在放大照片之後才發現焦距根本不對。如果是絕對不能失敗的照片，建議拍完要把圖像放大，確認是否正確對焦。不過，拍攝日常飲食時，與其拍得美還不如趁熱吃來得重要。建議可將手臂、手腕或手機固定在桌上再拍照。

特別留意 · **裝盤**

自己用餐時看到的角度最自然。面對料理呈 45 ～ 60 度斜角看起來最自然（裝盤時也可以從這個角度看）。把主菜放在正中央，從正上方拍全景的照片無法呈現立體氛圍。記得兩項重點——一是主角不要放在正中央；二是不要全景入鏡。景深會使料理看起來更美味。

推薦的 APP

我本身用的是 iPhone，所以使用的 APP 也有限，簡單介紹幾個平常使用的。

LINE camera

可以拍出正方形照片，加工也很簡單。不用上傳也能存在手機裡，先用這個 APP 開始練習。

iOS:
https://itunes.apple.com/tw/app/line-camera/id516561342?l=zh&mt=8
Android:
https://play.google.com/store/apps/details?id=jp.naver.linecamera.android&hl=zh_TW

類似單眼相機，可以在照片中任何一處對焦是最方便的優點。

ごちカメ！

iOS:
https://itunes.apple.com/jp/app/gochikame!/id404414971?mt=8

色彩微調用一根手指頭就能輕鬆完成，還有漂亮的濾鏡。我的照片全都上傳到這裡。而且同時還是美食分享軟體，跟其他使用者互動，非常有趣。

ミイル

iOS:
https://itunes.apple.com/jp/app/miiru-mo-fanoo-liao-likamera/id472973118?mt=8
Android:
https://play.google.com/store/apps/details?id=com.frogapps.miil

越式雞湯河粉

清爽而鮮甜的湯頭，搭配滑溜順口的河粉。

帶有異國風情，卻容易入口的亞洲美味。

家裡沒有河粉時，可以用細烏龍麵代替。

材料：2人份

水…4 杯
雞腿肉…1 片
豆芽…1/2 包
河粉…150g
香菜…適量

雞湯粉…1 小匙
魚露…2 大匙
鹽…少許

做法：

1. 鍋子裡的水燒開後加入雞湯粉。放入整塊未切的雞腿肉，煮約 15 分鐘，一邊撈掉浮泡。取出後在湯底裡加入魚露，視需要用鹽調味。

2. 河粉依照標示的時間燙熟，再用冷水沖洗保持 Q 度。用煮河粉的同一鍋水迅速汆燙豆芽備用。

3. 把煮熟的雞肉切成一口大小。將河粉放回 1 的湯底裡，用熱湯煮到入味後盛到碗裡，鋪上雞肉跟豆芽。

撒一點香菜更添異國風情，大量加入則美味與香氣倍增！

麻子
memo

南瓜紅蘿蔔
豆腐濃湯細麵

細麵不是夏天的專屬食物，

一整年都好吃。

夏天吃冷的，冬天吃熱的，

怎麼吃都好吃，

而且營養豐富好搭配！

材料：2 人份

南瓜…1/8 顆
紅蘿蔔…1 小根
日本長蔥…1/2 根
豆腐…1/2 塊（嫩豆腐或板豆腐皆可）
細麵…3 把（150g）
綠紫蘇…適量（切絲）

沾麵露（3 倍濃縮）…4 大匙
水…2 杯

做法：

1. 南瓜、紅蘿蔔削皮，切成容易熟的薄片。
青蔥切成蔥花。

2. 把 1 的蔬菜放進鍋子裡，倒入水後加熱。
煮滾之後調成中火，倒入沾麵露煮到材料軟
爛。再把豆腐搗碎加入，用攪拌器等將材料
打成糊狀，倒回鍋子裡再加熱。

3. 用大量熱水依照標示時間煮細麵，煮熟後
用冷水沖洗，瀝乾水分。把湯盛進碗裡，細
麵一小撮放在正中央，最上方撒上切成細絲
的綠紫蘇。

沒有細麵的時候，也可
以單喝濃湯。加入豆腐
可以讓口味變得更溫潤。

麻子
memo

明太子熱拌烏龍麵

在某次應先生要求試做之後，

這一道就成了我們家的招牌菜色。

明太子——部分生食，部分炒散，

同時享受溼潤及顆粒的兩種口感！

材料：2人份

烏龍麵…2 球
辣味明太子…2 小條
蔥花…適量
溫泉蛋…2 顆（做法見 P.136）

A
水…1/2 杯
味酥…1 大匙
醬油…1 大匙

做法：

1. 用刀子在明太子薄膜上縱向劃一刀，用筷子把魚卵挖出來，一半用平底鍋加熱，炒到酥酥鬆鬆。

2. 鍋子裡加入 A 煮滾。

3. 烏龍麵依照標示時間煮熟，裝到碗裡。再加入溫泉蛋、熱炒明太子、生鮮明太子，以及蔥花。淋上 2 的沾麵露。充分攪拌之後再吃。

麻子
memo

沾麵露也可以用市售品。
因為明太子本身帶鹹味，
沾麵露用少量即可。

韓式泡菜、番茄與蛋黃，

絕妙搭配下的冷食烏龍麵。

番茄季時一定要試試！

吃之前把蛋黃攪拌均勻。

韓式泡菜番茄烏龍麵

材料：2人份

烏龍麵…2 球
番茄…中型 2 顆
蛋黃…2 顆
泡菜…適量

蔥花、白芝麻…適量

A
沾麵露（3 倍濃縮）…3 大匙
水…1.5 杯
麻油…1 小匙

做法：

1. 番茄切成丁，跟 A 混合做成醬汁備用。

2. 烏龍麵依照標示的時間煮熟後，用冷水沖涼清洗，瀝乾水分後裝盤。

3. 在 2 的烏龍麵上方加一撮泡菜，正中央放上蛋黃，淋上 1 的醬汁。最後依照個人喜好撒點蔥花跟白芝麻。

用微波爐加熱冷凍烏龍麵的話，這道料理不需要鍋子就能做。剩下的蛋白可以煮湯，或是冷凍起來做點心用。

麻子
memo

番茄細麵
(番茄汁特調沾麵露)

用番茄汁來調沾麵露，

會有意想不到的滋味。

如果嚐膩了一般的沾麵露，

一定要試試這一味！

記得選用成熟番茄製成的果汁。

材料：2人份

細麵…3 把（150g）
雞里肌肉…2 片
蘘荷、蔥花、綠紫蘇…適量

酒、鹽…少許

A
番茄汁…1 盒（約 200cc）
沾麵露（3 倍濃縮）…3 大匙
水…3 大匙
魚露…適量
橄欖油…1 小匙

做 法：

1. 雞里肌肉放進耐熱容器，撒少許鹽跟酒，蓋上保鮮膜，用微波爐加熱 2 分 30 秒到 3 分鐘。稍微放涼之後切成一口大小。

2. 用大量熱水依照標示時間煮細麵，煮好後用冷水沖洗，瀝乾水分之後裝盤。

3. 把調好的 A 淋到 2 上，鋪上 1 的雞里肌肉，再依照個人喜好加入大量蘘荷、蔥花及綠紫蘇細絲等佐料。

醬汁在煮麵之前先調好，就不會手忙腳亂。細麵跟醬汁充分拌勻更好吃！

麻子
memo

用絞肉做高湯，真簡單！

選用較細的烏龍麵，更接近越式河粉。

此外，也可以用細麵或米粉。

經典越式烏龍麵

材料：2 人份

雞絞肉…150g
洋蔥（切成薄片）…1/4 顆
烏龍麵…2 球
檸檬…適量
香菜、蔥花、綠紫蘇、辣椒…適量

水…3 杯
薑泥…1 小匙
酒…2 大匙
魚露…2 大匙
鹽…少許

做 法：

1. 鍋子裡加入水、雞絞肉、薑泥，加熱時一邊用筷子把絞肉撥散。煮滾之後撈掉浮泡，再加入酒、魚露、洋蔥薄片，用鹽調味。

2. 烏龍麵依照標示時間煮熟，加入 1 的湯汁中加熱。盛到碗裡之後依照個人喜好加入香菜、蔥花、綠紫蘇、辣椒等佐料，要吃之前擠一點檸檬汁。

麻子
memo

多加一點佐料更好吃！綠紫蘇直接用手撕碎香氣更濃郁。

野菜義大利麵

用冰箱裡的山藥、大頭菜、牛蒡

來做一道義大利麵。

加入蓮藕也很好吃唷！

雖然是令人意想不到的材料，

口味卻很不錯呢！

材料：2 人份

山藥…1 小顆
大頭菜…1 顆
牛蒡…1/2 根
大蒜…1 瓣
義大利麵…160g

橄欖油…2 大匙
柚子胡椒…少許
鹽、胡椒…適量

做法：

1. 牛蒡洗乾淨，連皮斜切成較粗的條狀，然後泡水。大頭菜、山藥則削皮後切成 5mm 的圓片。

2. 平底鍋倒入橄欖油，加入壓碎的大蒜，用小火加熱。大蒜上色之後火開大一些，依序加入牛蒡、大頭菜及山藥熱炒，橄欖油跟蔬菜充分拌勻後加入少許柚子胡椒，以及 2 大匙煮麵水，迅速拌炒。

3. 大鍋煮熱水，水滾後撒點鹽，依照標示時間將麵煮好後加入 2，輕輕拌炒再用鹽、胡椒來調味。

裝盤之後，撒點現磨黑胡椒更好吃。

沙丁魚跟醃梅干的搭配簡直棒得沒話說。

只要有材料，三兩下就能完成上菜。

是一道簡單方便的冷食義大利麵！

做冷食義大利麵時，

麵要煮到熟透才好吃。

沙丁魚梅干義大利冷麵

材料：2人份

油漬沙丁魚罐頭…1罐（約 70g ）
醃梅干…1.5 顆（切碎）
橄欖油…2 大匙
蔥花…1 大匙
天使義大利麵…100g
綠紫蘇…3 片（切絲）

做法：

1. 油漬沙丁魚先去掉骨頭。把沙丁魚跟醃梅干肉放入大碗裡拌幾下，再加入橄欖油、蔥花充分拌勻。

2. 鍋子裡煮大量熱水，加入少許鹽，再依照標示的時間烹煮義大利麵，時間長一點也沒關係。

3. 麵煮好之後立刻泡入冰水中，然後用廚房紙巾把水完全吸乾。把義大利麵放進 1 的大碗裡拌勻。裝盤後再加入綠紫蘇絲裝飾。

麻子 memo

義大利麵的水分要用廚房紙巾完全吸乾。這道步驟就是讓麵條充分沾上醬汁的訣竅。

麻子特製中式涼麵

番茄配酪梨，

是我最喜歡的組合。

酪梨滑順濃郁的口感跟番茄的酸味，

搭配醬汁最對味！

是一年四季都讓人食指大動的中式涼麵。

材料：2 人份

酪梨…1 顆
番茄…2 顆
中式麵條…2 球

A
薑末、蒜末…各 1 小匙
辣椒絲…1 根份量

麻油…1 大匙

B
雞湯粉…1/2 小匙　　砂糖…1 大匙
醋…1 大匙　　　　　蠔油…1 大匙
水…3 大匙　　　　　醬油…1 小匙

做法：

1. 番茄、酪梨切成一口大小。

2. 製作中式醬汁。平底鍋裡加入麻油，熱鍋後加入 A 炒香，再倒入 B 混合煮沸，先關火再加入番茄拌勻，靜置放涼備用。

3. 依照標示時間煮中式麵條，煮好後用冷水沖洗，再把水分瀝乾。裝盤後在 2 裡加入酪梨拌勻，最後將做好的中式醬汁淋在麵條上。

麻子
memo

吃的時候要充分攪拌均勻哦！

最愛香菜！
香菜細麵

因為有一次想大啖香菜，於是做了這道料理。

醬汁加了魚露、大蒜，還有檸檬，稍帶辣味。

可以馬上吃到想吃的食物，

這就是幸福。

材料：2 人份

細麵…3 把（150g）
香菜…個人喜愛的量
檸檬…適量

A
魚露…1 大匙
檸檬汁…1.5 大匙
砂糖…1 小匙
雞湯粉…1 小匙
蠔油…1/2 小匙
蒜泥…少許
辣椒絲…1 根份量
熱水…1 杯

做法：

1. 把 A 的材料混合製成醬汁備用。香菜切成適當大小，莖部可以切碎加到醬汁裡。

2. 用大量熱水依照標示時間煮細麵，煮好後用冷水沖洗，瀝乾水分後把細麵、香菜，以及依個人喜好切點檸檬片一起裝盤。

3. 細麵、香菜一起沾著醬汁吃。

推薦給喜歡香菜的人！
醬汁冷熱都好吃，可依照個人喜好選擇吃法。

麻子
memo

因為有蔥花及牛蒡絲，

不能大口吸麵條，必須細嚼慢嚥。

可以仔細品嚐蔥花和牛蒡絲的口感，

是非常好的慢食。

冷熱都好吃的
牛蒡絲烏龍麵

炒牛蒡
牛蒡…1 根
紅蘿蔔…1/4 根
辣椒絲…1/4 根份量
味醂…1 大匙
醬油…1 大匙
砂糖…1 小匙
白芝麻…1 大匙
麻油…1/2 小匙

烏龍麵…2 球
蔥花、蘿蔔芽、蘿蔔泥等…適量
沾麵露（3 倍濃縮）…2 大匙
水…120cc

材料：2 人份

做法：

1. 把牛蒡、紅蘿蔔切成粗絲，在平底鍋倒入沙拉油熱鍋之後，把粗絲材料加辣椒一起用中大火炒香。等到牛蒡跟紅蘿蔔炒軟，再加入味醂、醬油、砂糖，炒到湯汁收乾後再加入麻油、白芝麻拌炒，就關掉火。

2. 沾麵露依照個人喜好稀釋再加熱。烏龍麵依照標示時間煮熟後，用水沖洗。

3. 烏龍麵裝盤後，放上牛蒡絲、蔥花以及蘿蔔芽、蘿蔔泥等佐料，最後淋上沾麵露。

夏天淋上冷醬汁，冬天淋上熱醬汁，充分攪拌後再吃。烏龍麵搭配甜甜辣辣的牛蒡絲，滋味絕佳！

麻子
memo

絕不失敗的
奶油蛋醬烏龍麵

想做奶油培根義大利麵時，

忽然發現——家裡沒義大利麵……

但無論如何都想吃，

於是用家裡現有的烏龍麵，

竟然也有手工義大利麵的嚼勁！

非常可口的一道麵食。

材料：2 人份

冷凍烏龍麵…2 球
蒜泥…1/3 小匙

奶油…2 小匙
黑胡椒…喜歡的話建議用多一點

A
牛奶…150cc
西式高湯粉…1/3 小匙
起司粉…2 大匙
蛋…2 顆
醬油…少許

做法：

1. 冷凍烏龍麵依照標示時間用微波爐加熱。把 A 放進碗裡混合，製作奶油蛋醬備用。

2. 奶油跟蒜泥在平底鍋內炒香，放進烏龍麵拌炒均勻。

3. 關火之後，將 1 的醬汁倒進鍋內迅速攪拌，用鍋子餘熱讓醬汁變得濃稠。如果不夠濃稠，可以開小火加熱，一邊攪拌。裝盤後撒大量黑胡椒。

麻子
memo

關鍵在於倒入醬汁前關火，以鍋子餘熱來調理。只要留意這一點就絕不會失敗！

需要的材料很少，

卻是營養滿分！

如果沒有溫泉蛋，

可以先把納豆跟蛋攪拌，

淋在義大利麵上也可以。

溫泉蛋納豆義大利麵

材料：2人份

義大利麵…160g
西式高湯粉…1/2 小匙
納豆…2 盒
溫泉蛋…2 顆（做法見 P.136）
海苔絲、白芝麻、蔥花…適量

做法：

1. 鍋子裡燒大量熱水，加鹽，再依照標示時間烹煮義大利麵。

2. 煮麵同時把西式高湯粉加到碗裡，加 2 大匙煮麵水溶開。接著再加入納豆以及納豆醬汁，攪拌後備用。

3. 義大利麵煮好後瀝掉水分，裝盤後淋上 2。在正中央打一顆溫泉蛋，依照個人喜好撒上海苔絲、白芝麻、蔥花。

麻子
memo

納豆對健康有益，富含多種營養。再加上蔥花、蛋跟納豆搭配，就能補充不足的養分，這就是前人留下的智慧～

番茄多多的湯麵

番茄多多的湯麵，

是我們家很受歡迎的菜色之一。

由於細麵煮的時間很短，

三兩下就能上桌，

加上羅勒也很搭。

材料：2 人份

細麵…3 把（150g）
番茄…2 顆
雞絞肉…100g
蒜泥 1/2 小匙
檸檬汁、西洋菜或香菜…適量

橄欖油…1 小匙
豆瓣醬…1 ～ 2 小匙
（怕辣的話可以減量）
鹽、胡椒…適量

沾麵露（3 倍濃縮）…5 大匙
水…1.5 杯

做 法：

1. 番茄切塊。

2. 平底鍋裡加入橄欖油、大蒜、豆瓣醬，炒香後加入雞絞肉炒到上色。接著加入 1 的番茄、沾麵露及水，用鹽、胡椒調味再煮滾。

3. 細麵依照標示時間煮熟，用水沖洗後放入 2，細麵熱了之後就可裝盤。可依照個人喜好淋上檸檬汁，再加上西洋菜裝飾。

麻子
memo

番茄的熱量很低，一顆的熱量也不過四十大卡，是非常適合晚晚餐的食材。

韭菜細麵

這道細麵是我以前在朋友家吃過的。

關鍵在於麵湯用的是細麵的煮麵水。

所以湯汁會帶點濃稠跟鮮甜。

用麻油炒香的韭菜搭配簡單湯汁，

感覺超棒！

吃的時候可以搭配家中其他常備菜。

材料：2人份

韭菜…1 把
細麵…2 把（100g）

麻油…1 大匙
日式高湯粉…1 小匙
白芝麻…適量
一味辣椒粉…適量

做法：

1. 韭菜切成 5cm 的長段。同時用鍋子燒熱水，細麵煮得稍硬一些，麵撈起來裝進碗裡。煮麵水不要倒掉。

2. 麻油倒入平底鍋加熱，快炒韭菜。韭菜炒熟後放進麵碗裡，把 3 杯份的煮麵水跟日式高湯粉加入平底鍋內，稍微加熱。

3. 把 2 做好的麵湯倒入盛有細麵跟韭菜的碗裡，最後撒上白芝麻跟一味辣椒粉。

韭菜加多一點比較好吃。在大碗裡把韭菜鋪放在一側，倒入湯汁後碗中綠白分明，看起來真美！

麻子

memo

番茄加熱過後非常好吃哦！

這道炒烏龍麵，

是加入番茄的特別版本。

大蒜、奶油、醬油搭配起來更是風味十足！

牛肉番茄蒜味炒烏龍麵

材料：2人份

冷凍烏龍麵…2 球
牛肉薄片…150g
小番茄…10 顆
韭菜…1/2 把
蒜泥…2 小匙

麻油…2 小匙
奶油…1 大匙
醬油…2 大匙

做法：

1. 牛肉切成一口大小。小番茄對半縱切，韭菜切成 5cm 的長段。冷凍烏龍麵依照標示的時間用微波爐加熱。

2. 平底鍋裡倒進麻油加熱，快炒牛肉。牛肉一炒到上色，就加入蒜泥跟番茄拌炒。

3. 在 2 中加入 1 的烏龍麵、韭菜、奶油跟醬油，迅速拌炒均勻即可上桌！

麻子
memo

把蒜泥換成薑泥也一樣好吃唷！

蘿蔔蕎麥麵

提到「蘿蔔蕎麥麵」，

一般想到的都是搭配加有蘿蔔泥的沾醬吧？

這次特別將蘿蔔切絲，

跟蕎麥麵拌著吃。

關鍵就在於多花道工夫來料理蘿蔔。

材料：2人份

蕎麥麵…2 把（160g）
蘿蔔…適量（這次用約長度 5cm）
蘿蔔芽…1 包
醃梅干、海苔絲、白芝麻…適量

沾麵露（3 倍濃縮，稀釋成蕎麥麵沾醬）…適量

做法：

1. 蘿蔔削皮後切成細絲。用 1 小匙鹽搓揉，靜置約 10 分鐘讓蘿蔔變軟，用手擰乾水分。蘿蔔芽切掉根部備用。

2. 用大量熱水依照標示時間煮蕎麥麵，煮好後用冷水沖洗，把水分完全瀝乾後，拌入 1 的蘿蔔絲跟蘿蔔芽後裝盤。

3. 在麵上放一撮切碎的醃梅干肉，以及海苔絲、白芝麻，搭配依照個人喜好稀釋的沾醬一起吃。

麻子
memo

這道麵食不僅口感佳，也很有飽足感。

章魚蔬菜辣拌細麵

章魚的含糖量、脂肪量都少，

熱量很低，加上需要長時間消化，

是很理想的瘦身食材。

另外，烹調時間極短的細麵，

在此也能大有發揮。

材料：2 人份

熟章魚…150g
西洋菜…1 包
蘿蔔芽…1 包
細麵…3 把（150g）
白芝麻…適量

A
醬油…3 大匙　　韓式辣醬…2 大匙
砂糖…2 小匙　　醋…1 大匙
麻油…1 大匙　　蒜泥…1/4 小匙

做法：

1. 章魚切成薄片。西洋菜、蘿蔔芽切段。拿一只大碗混合 A 的各項調味料，做好拌醬備用。

2. 細麵依照標示時間煮好，先用冷水沖洗後再浸到冰水裡冰鎮，之後把水分瀝乾。

3. 在做好拌醬的大碗裡加入細麵、章魚、西洋菜跟蘿蔔芽，充分拌勻後裝盤，最後撒點白芝麻。

麻子
memo

在盛有拌醬的大碗裡先放進細麵，比較能入味。接著放進章魚，最後放進提味的蔬菜攪拌。喜歡的話加點香菜也很好吃！

肉醬烏龍麵

在電視上看到用鐵板做成的肉醬麵，

讓我覺得好懷念。

隨手用冷凍烏龍麵試試看，非常成功！

麵條不必解凍直接使用，

三兩下就能上桌。

材料：2人份

冷凍烏龍麵…2 球
牛絞肉（也可用牛、豬混合的絞肉）…150g
洋蔥…1/2 顆
番茄…2 顆
辣椒末…1 根份量
蒜末…1 瓣份量
荷蘭芹末…適量

橄欖油…1 大匙

A
番茄醬…2 大匙　　　伍斯特辣醬油…2 大匙
酒…2 大匙　　　　　鹽、胡椒…適量

做法：

1. 番茄切塊，洋蔥切成薄片。

2. 平底鍋中倒入橄欖油加熱，放進大蒜、辣椒、洋蔥炒香，等到洋蔥炒軟之後，再加入絞肉炒散。

3. 絞肉炒到上色後，把冷凍烏龍麵沖一下水，和番茄以及 A 的調味料一起加入鍋內，蓋上蓋子悶煮約 4 分鐘。把烏龍麵撥散之後跟其他材料拌勻，裝盤後撒上荷蘭芹。

麻子
memo

這道料理用的是冷凍烏龍麵，不太會變糊，所以也非常適合帶便當！

炸細麵湯

在炸得香香的細麵上，

淋熱騰騰的醬汁，

立刻就能聽到「滋～」的美味聲響。

看似油炸料理，

其實用平底鍋就能做，非常簡單！

材料：2 人份

細麵⋯2 把（100g）
沙拉油⋯適量
醃梅干⋯3 顆
綠紫蘇⋯5 片

沾麵露（3 倍濃縮）⋯5 大匙
水⋯2 杯

做法：

1. 細麵用大量熱水依照標示時間煮熟後，用冷水沖洗，再用廚房紙巾把水分吸乾備用。

2. 醃梅干跟綠紫蘇一起用菜刀切碎拌勻。沾麵露加水用鍋子加熱。

3. 平底鍋裡倒入大量沙拉油，把 1 放入鍋中炸到兩面呈金黃色，瀝掉油再裝盤。淋上熱騰騰的沾麵露，再放上一撮 2 的綠紫蘇絲及梅肉。

麻子 memo

也可以用吃剩的細麵來做！

蘘荷香蔥炒細麵

蘘荷跟麻油搭配起來滋味很棒，

只當佐料實在太糟蹋啦！

稍微加熱後食用，

會覺得更美味。

覺得肚子有點脹氣不舒服時，

很適合吃這一道。

材料：2人份

細麵…3 把（150g）
蘘荷…6 顆
日本長蔥…1/2 根
蔥花…適量

麻油…1.5 大匙
沾麵露（3 倍濃縮）…1 大匙
鹽、胡椒…適量

做 法：

1. 蘘荷對半縱切後再切成薄片。日本長蔥斜切成薄片。麻油倒入平底鍋加熱，把蘘荷跟日本長蔥炒到軟再關火。

2. 用大量熱水依照標示時間煮好細麵後，用冷水沖洗，再瀝乾水分。

3. 把細麵加到 1 的平底鍋裡，開火後再加入沾麵露拌炒。視需要用鹽、胡椒調味，最後再撒上蔥花。

麻子
memo

細麵炒太久會糊掉，變成一整團，所以只要稍微加熱就行。

冰箱大掃除！
日式燴麵

肚子一餓就忍不住翻冰箱，

用現成的食材三兩下就能變出一道菜。

熱狗、雞蛋含豐富蛋白質，

搭配蔬菜，

就是營養均衡、份量十足的美味料理。

熱狗…4 根

水煮鵪鶉蛋…6～8 顆

喜愛的蔬菜…約 500g

（白菜 2 片、洋蔥 1/2 顆、杏鮑菇 1 根、豆芽 1/2 包、青江菜 1/4 把、竹筍等）

油炸麵…2 份

A

水…1 杯　酒…2 大匙　味醂…1 大匙

鹽…1/2 小匙　胡椒…少許

太白粉…1 大匙（用等量的水溶開）

麻油…2 小匙

柴魚片…適量　黃芥末…適量

做 法：

1. 蔬菜切成一口大小，熱狗對半斜切備用。

2. 平底鍋倒入 1 大匙沙拉油加熱，將青江菜及豆芽以外的材料下鍋炒到軟，再加入青江菜及豆芽輕輕拌炒。

3. 加入 A 煮滾後，用鹽、胡椒調味。接著用太白粉液勾芡，最後淋上麻油關火。把油炸麵裝到盤子上，淋上燴蔬菜，再撒上大量柴魚片，還可依照個人喜好加點黃芥末。

也可以只用一包豆芽來做。最後撒多一點柴魚片會更好吃。

麻子
memo

豬肉蕈菇蕎麥沾麵

這道類似蕎麥麵店賣的主廚推薦。

加了大蒜與薑,

芳香四溢。

熱湯裡加了很多料,

用冷蕎麥麵沾著享用!

材料：2人份

豬肉薄片…150g
個人喜愛的菇類…1～2包
（這次用了金針菇、鴻喜菇，以及舞菇）
薑末、蒜泥…各 2 小匙
蕎麥麵…2 把（160g）
青蔥…1/2 把
溫泉蛋…2 顆（做法見 P.136）

麻油…1 大匙
沾麵露（3 倍濃縮，稀釋成當做沾醬的濃
度）…約 2.5 杯
七味辣椒粉…適量

做法：

1. 豬肉切成一口大小，菇類用手撕成一口
大小。青蔥切成 5cm 的長段。

2. 平底鍋放進麻油、薑及大蒜加熱，炒香
後放入豬肉。豬肉上色後再加入菇類輕輕
拌炒，然後倒進用水稀釋過的沾麵露加熱。

3. 蕎麥麵依照標示時間煮熟後，用冷水沖
洗，再瀝乾水分。蕎麥麵跟蔥段混合後裝
到碗裡。將 2 的湯汁連同湯料倒入碗中，
加一顆溫泉蛋。吃之前可依照個人喜好撒
點七味辣椒粉。

麻子
memo

菇類用手撕會比用刀切
來得好吃唷！

使用當季蔬菜，
讓晚晚餐變得更好吃

　　鮮嫩且口味絕佳的當季蔬菜，在不想花太多工夫烹調的晚晚餐時，是從不令人失望的明智抉擇。我特地請教了常去的「瑞花蔬果店」老闆娘矢嶋文子女士，請她談談當季蔬菜。

　　看到店裡陳列紅通通的新鮮番茄，就忍不住覺得——還是當季蔬菜對身體最好！

　　「那是當然的！蔬菜跟人體息息相關，每個季節的蔬菜都具備許多當下人類所需的養分。不僅生長條件佳、作物生成佳，還可以補充身體渴求的營養素，所以吃當季蔬菜最好！」

　　原來如此！不僅是舌尖能感受到美味，連身體全身都可以感受到！

聽聽專家怎麼說

矢嶋文子女士
「瑞花蔬果店」老闆娘。店內以自然栽培、有機栽培的蔬菜為主，用專業眼光嚴格挑選陳列在店內販售的蔬菜。偶爾會在店內開設手工味噌製作或餐飲分享講座，一併傳授調理、食用的方法以及蔬菜相關知識。

Shop data

瑞花蔬果店
日本東京都新宿區市谷山伏町 1-5　03-6457-5165
http://www.suika.me/

身體渴望的
當季蔬菜

春

春天一到，身體會想排出冬天累積的老廢物質。吃點山芹菜、竹筍、山蔬等帶點苦味的春季蔬菜，就能讓沉睡的身體獲得動力，開啟循環！想瘦身的話，從攝取春季蔬菜開始最理想。

夏

小黃瓜、茄子，這些都是富含水分的夏季蔬菜。可以讓酷暑中體內累積的熱稍微紓緩一些。我喜歡的黃麻、秋葵，都是高營養並且能補充礦物質的蔬菜。每天攝取就能防止中暑跟疲勞。

秋

天氣轉涼，一下子變得乾燥的秋天。梨子、葡萄這些水果，都能為身體補充缺乏的水分。溫和的香甜能撫慰夏季帶來的疲勞。另外，之所以覺得芋頭、栗子特別好吃，是因為身體渴求營養價值高的食物，以便迎接即將到來的冬季。

冬

在冰冷地底下積蓄糖分成長的冬季根莖類蔬菜。為了度過寒冬，有飽足感而且營養豐富。最能發揮出根莖類蔬菜美味的，就是燉煮料理，可以讓身體暖呼呼，也有預防風寒及虛冷症的效果。

能吸引目光的絕對是耀眼光采！
無論蔬菜還是人，都能一目了然

「遇到第一次見面的人，妳會注意哪裡？」矢嶋女士手拿泛著光澤的番茄問我。我回答道：「應該是眼睛炯炯有神的人吧！」她告訴我：「蔬菜也一樣，也有光采。另外，拿起來沉甸甸地很有份量，加上軸心長在中央，外型圓潤飽滿還很均勻。這些都是美味蔬菜的條件。」的確，這就像眼神、表情充滿光采，工作及生活都很充實，擁有堅定主軸的人。這種人確實充滿吸引力。面對蔬菜或人都一樣，培養挑選時觀察的眼光非常重要。無論是一整年都常見的蔬菜，或是到了固定季節散發光澤的蔬菜，都適用這樣的條件。另外，好的蔬菜外皮也會緊繃有彈性。「蔬菜有一開始的『初上市』，大出的『當季』，還有最後的『季尾』，每個階段都有每個階段的美味。如果能分辨出其間的差別，就是高手！」

鑑別的關鍵在這裡！

光澤
選擇外皮緊繃有彈性，且帶有光澤看起來新鮮有活力的蔬菜。

份量
把蔬菜拿在手中比較，會發現即便外型大小相同，重量上也有差異。要挑選有份量的蔬菜。

軸心穩固
挑選從正上方看起來軸心不往任一邊偏，或是往外突出的蔬菜。

要保持美味，
關鍵在控制溼度

理論上最理想的狀況是不時購買最新鮮的蔬菜，但平常忙碌之下大多會一次購買大量。「買新鮮的當然最好，但如果能妥善保存，不但能維持鮮度，口味也不同。蔬菜最大的敵人就是乾燥，換成皮膚的話，我們也會對抗乾燥吧？道理是一樣的。要隨時留意保持適當的溼度。另外，也要注意住家狀況，近來的大樓氣密性高，很悶熱，即使是一般認為可以常溫保存的馬鈴薯、洋蔥，在夏天也不要放在室溫下，放進冰箱比較放心。」

家裡如果只有兩個人，蔬菜經常吃不完怎麼辦呢？「既然這樣，乾脆一開始就做成蔬菜乾，也是一個好方法。只要切一切，放在篩子上稍微曬一下就行了。煮湯、滷菜時都能直接用，非常方便哦！」

Point

保存的祕訣在這裡！

最忌乾燥

葉菜類用帶點水分的廚房紙巾包起來，放進塑膠袋，保有水分。

留意放置地點

一般大樓的夏天通常高溫多溼，即便原本可以常溫保存的蔬菜，最好也要放進冰箱。

做成蔬菜乾

蔬菜切一切，擦乾表面水分，攤在篩子上在日光下曝曬。曬到全乾可以放得比較久。

熱呼呼的
雞肉巧達湯

我很喜歡加了蛤蠣的海鮮巧達湯，

但也喜歡雞肉！

這是一道營養滿分又均衡的湯品。

也可以加入南瓜、牛蒡，

一樣好吃唷！

麻子
memo 加一點帕馬森起司讓湯變得
更濃郁。沒有的話也可以加
起司粉。

材料：2人份

雞腿肉…150g
培根…2 片
洋蔥…1/2 顆
紅蘿蔔…1/2 根
馬鈴薯…1 顆
麵粉…1.5 大匙
水…1 杯
牛奶…1 杯

橄欖油…1/2 大匙
帕馬森起司…1 大匙
鹽、胡椒…適量

做 法：

1. 培根、洋蔥、紅蘿蔔、馬鈴薯，全
部切丁。雞腿肉切成 1cm 左右的塊狀。

2. 橄欖油倒入鍋子裡加熱，把雞肉、
培根、蔬菜類加入炒香，洋蔥炒軟後調
整成小火，加入麵粉炒勻。

3. 加水煮 7 至 8 分鐘到蔬菜軟爛，再
倒入牛奶，溫熱後加入帕馬森起司拌
勻。最後用鹽、胡椒調味。

青菜豆腐濃湯

青菜加豆腐，

這是味噌湯裡熟悉的組合。

不過，有時候也想嚐嚐西洋口味。

試著做成濃湯，

也有另一番香醇的美味。

材料: 2~3人份

菠菜等綠色蔬菜…約 150g
（菠菜的話是 1/2 把）
板豆腐…1 塊

水…1 杯
高湯…1 杯
淡味醬油…1 小匙
鹽…少許

做 法:

1. 青菜用加入少許鹽的熱水汆燙後，
瀝掉水分。

2. 把瀝乾水分切成小段的青菜，加上
豆腐、水及高湯，用攪拌器打成泥狀，
倒回鍋子裡煮沸，最後再用淡味醬油、
鹽來調味。

除了菠菜之外，也可以用
小松菜或油菜。這道濃湯
15 分鐘就能完成，就算晚
回家也可以輕輕鬆鬆填飽
肚子。

麻子
memo

黃麻嫩蛋花清湯

即使是食慾不振的時候，

也能一口接一口。

黃麻可以事先燙好，

要吃之前放到鍋子裡稍微加熱，

這樣就能色香味俱全。

材料：2人份

黃麻葉（從莖部摘下來）…1/2 包
蛋…2 顆
水…500cc
白芝麻…適量

西式高湯粉…1 小匙
鹽、胡椒…適量

做法：

1. 黃麻葉用熱水汆燙 2 分鐘，瀝乾水分放涼。放涼之後剁碎。

2. 鍋子裡倒入水，加西式高湯粉煮滾。接著加入 1 的黃麻葉，用鹽、胡椒調味。

3. 在 2 裡加入打散的蛋液，關火後輕輕攪拌，倒入碗中。最後依照個人喜好撒點白芝麻。

麻子
memo

黃麻的莖很硬，所以只取葉子來料理。加到味噌湯裡也很好吃。

CHAPTER 2
利用假日製作的「常備菜」

所謂的「常備菜」，

就是事先做好，保存起來可以吃比較久的菜餚。

我通常會在星期六收到蔬果店送來的蔬菜，

拆封之後，就可以享受製作常備菜的樂趣。

只要簡單裝盤，

就能為平常的「晚晚餐」加菜！

或者遇到忙碌的早晨，

也可以直接裝進便當盒裡。

對於愛做菜的我來說，這也是假日的休閒之一。

分享給大家！

燒南瓜

只要靜置，

就能做得外型漂亮又好吃。

訣竅是──千萬別碰！

燒得入味的南瓜自然香甜，

還有鬆軟的口感，好吃地不得了。

材料：2 人份

南瓜…1/4 顆

A
高湯…1.5 杯
砂糖…1 大匙
淡味醬油…1 大匙（也可以用一般醬油）
味醂…1 大匙

麻子
memo

可以搭配壓碎的奶油乳酪或美乃滋做成南瓜沙拉，也可加熱後混合奶油塗抹吐司，怎麼做都好吃。

做法：

1. 南瓜去掉瓜囊，切成一口大小（4 至 5cm 塊狀）。皮朝下放到平底鍋或鍋子裡。

2. 加入 A 用中火煮滾後調整成小火，用廚房紙巾等從上方稍微蓋住，燉煮 15 分鐘。過程中如果攪動或用筷子碰到可能會煮碎，因此靜置即可。

3. 等到湯汁幾乎收乾就關火，直接在平底鍋裡放涼，靜待入味。放在冰箱可以保存大約四天。

簡單燙青菜

這一道並不是做起來保存的「常備菜」，

可以算是「番外篇」。

想在餐桌上多加一道菜時，

這種簡單的燙青菜很方便。

只要有熱水，三分鐘即可完成。

光是多了這一品，餐桌就感覺豐富許多。

麻子
memo

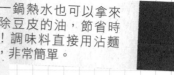

同一鍋熱水也可以拿來去除豆皮的油，節省時間！調味料直接用沾麵露，非常簡單。

材料：2人份

水菜…2 把
豆皮…1 片

A
沾麵露（3 倍濃縮）…2 大匙
水…3 大匙

做 法：

1. 水菜莖和葉分開，切成 4cm 長段，豆皮對半縱切，再切成 5mm 細絲。在大碗裡將 A 的材料混合備用。

2. 在平底鍋裡將水燒開，先汆燙水菜莖約 30 秒，接著放進葉片，再汆燙 30 秒左右。

3. 把豆皮放在篩子上，用燙水菜的熱水沖洗（去除豆皮上的油分），擰乾水分，跟水菜一起放進裝有 A 的大碗裡拌勻。現做現吃最美味，要在當天吃完。

通心麵沙拉

我家冰箱裡曝光率最高的常備菜，

就是這道通心麵沙拉。

有時打算做了慢慢吃，

卻不小心一口氣吃光光（笑）。

材料：2人份

通心麵…1 包（150g）
洋蔥…1/2 顆
青椒…1 顆
紅蘿蔔…1/4 根
小黃瓜…1/2 根
火腿…5 片

醋…2 大匙
砂糖…1 小匙

美乃滋…3～4 大匙
鹽、胡椒…少許

做 法：

1. 紅蘿蔔切絲，撒一點鹽等到變軟再把水分擰乾。青椒、小黃瓜、火腿全部切成細絲，洋蔥切成薄片。

2. 通心麵用熱水依照標示時間煮熟後，趁熱放進大碗裡，加入洋蔥拌勻。

3. 在 2 裡加入醋跟砂糖，放冷之後加入紅蘿蔔、青椒、小黃瓜跟火腿，再加入美乃滋拌勻。最後用鹽、胡椒調味。放進冰箱冷藏，可保存大約四天。

麻子
memo

通心麵煮得軟一點更容易入味。美乃滋的用量可隨個人喜好增減。

滷豆皮

只要有這一道，

三兩下就能做出豆皮壽司。

可以帶便當，

或是切碎之後拌飯！

材料：方便製作的份量

豆皮…3 片

A
水…1 杯
日式高湯粉…少許
酒…4 大匙
醬油…2 大匙
砂糖…2 大匙

做 法：

1. 把豆皮放在砧板上，拿長筷子在豆皮上由近而遠向外側滾，讓豆皮上下層分離，較好剝開。接著用廚房紙巾從上下夾住豆皮，手稍微用力擠壓，把油分去掉。

2. 豆皮切成兩半，打開開口，排放在鍋子裡。

3. 在 2 的鍋子裡加入 A 的材料，用廚房紙巾稍微蓋住上方，小火煮 15 分鐘直到湯汁收乾。馬上要用的話，就把煮好的豆皮靜置待涼。如果是隔天之後才要用，可以直接放入密封容器，於冰箱保存。

放在冰箱冷藏可保存約四天。油豆腐跟豆腐丸子也能依照相同的做法。

麻子
memo

滷羊栖菜

羊栖菜用微波爐加熱，

會很快膨脹發開！

記下這個調味比例——

高湯、醬油、味醂＝ 10：1：1。

這道小菜放進冰箱冷藏可以保存約五天。

材料：2 人份

乾燥羊栖菜…30g
豆皮…1 片
紅蘿蔔…1/3 根

A
高湯…1.5 杯
醬油…2 大匙（30cc）
味酥…2 大匙（30cc）

做 法：

1. 紅蘿蔔切絲，豆皮對半縱切成 3mm 寬。把羊栖菜放入耐熱容器，再加入大量水，蓋上保鮮膜用微波爐加熱約 2 分 30 秒，然後瀝乾水分。

2. 在平底鍋內倒進沙拉油，拌炒羊栖菜跟紅蘿蔔。材料跟沙拉油充分拌勻後再加入豆皮炒幾下，接著加入混合好的 A。煮滾之後調整成小火，再用廚房紙巾稍微蓋在上方，悶煮約 10 分鐘。

3. 掀開廚房紙巾，用筷子輕輕攪拌，讓湯汁稍微收乾。

麻子
memo

留下少許湯汁，冷卻之後可以更入味。拌飯或是拌到煎蛋捲裡都好吃。

蘿蔔乾絲

蘿蔔乾絲只要一開封，

就會變色。

最好每次就用一包的份量來做。

調味料的比例，

是高湯、醬油、味醂＝ 10：1：1。

材料

乾燥蘿蔔乾絲…50g
豆皮…1 片

A
高湯…2.5 杯
醬油…3 大匙＋1 小匙（50cc）
味醂…3 大匙＋1 小匙（50cc）

做 法：

1. 蘿蔔乾絲用水沖一下，放到耐熱容器中，加入可以淹過材料的水，蓋上保鮮膜，用微波爐加熱 3 分 30 秒。待稍涼之後就擰乾水分備用。

2. 豆皮對半縱切，再切成 5mm 寬。

3. 鍋子裡加入 1、2 還有 A，加熱煮滾後調整成中火，再用一張廚房紙巾稍微蓋住上方，燉煮 7 至 8 分鐘。有時間的話就靜置冷卻。放進冰箱冷藏可保存約五天。

A 的份量可以依據蘿蔔乾絲一包的重量來調整。相較於當天剛做好，隔天入味之後會更好吃。

麻子
memo

簡單什錦豆

營養豐富加上色彩繽紛，

用來搭配每日三餐或帶便當都很方便。

這次用的是水煮黃豆，

做法非常簡單。

材料：2 人份

水煮黃豆…200g
昆布…邊長 10cm 大小 1 片
紅蘿蔔…1/4 根
蒟蒻…1/4 片
蓮藕…1/4 根

A
高湯…1.5 杯
醬油…2 大匙（30cc）
味醂…2 大匙（30cc）

做法：

1. 昆布泡水，黃豆瀝掉水分備用。

2. 昆布、紅蘿蔔、蒟蒻、蓮藕，全都切成 1cm 的丁狀。

3. 鍋子裡放入 1 的黃豆、2，以及 A 的材料加熱。煮滾後把火調小，稍微蓋一張廚房紙巾在上方，並不時攪拌，燉煮約 10 分鐘。燉煮時間可依照個人喜好調整。放進冰箱冷藏可保存約三天。

麻子
memo

可以分裝成小份以冷凍保存。蒟蒻冷凍後再解凍，口感會有差異，不喜歡的話一開始可以不加。什錦豆的調味比例也是高湯：醬油：味醂＝ 10:1:1。

泡菜豬肉

泡菜豬肉的用途很多。

只要一次大量做起來，

就能視當天的心情，

搭配做成泡菜豬肉煎蛋、味噌湯，

或是炒烏龍麵、蓋飯⋯⋯

非常方便。

材料：方便製作的份量

豬肉薄片…250g（這次用的是梅花肉）
泡菜…300g
醬油…1～2大匙
麻油…3大匙

做法：

1. 泡菜跟豬肉切成 1cm 寬。

2. 麻油倒入平底鍋裡加熱，加入豬肉拌炒。待豬肉炒到上色，再加入泡菜慢慢炒。調整到大火，加醬油之後炒到水分收乾。

3. 稍微放涼之後裝到保存容器內，放到冰箱冷藏可保存約十天。

麻子
memo
要長期保存的話，重點在於要把泡菜炒到全熟。

雞肉火腿

只要靜置，

就能做出肉質軟嫩、口味香醇的雞肉火腿！

便宜的雞胸肉也能這麼好吃，

叫人大感驚訝。

如果覺得捲的步驟比較難，

也能直接用保鮮膜包起來汆燙。

材料：方便製作的份量

雞胸肉…2 片

砂糖…每片雞胸肉用 1 大匙
鹽…每片雞胸肉用稍少於 1 大匙

做法：

1. 把雞皮剝掉，依序抹上砂糖、鹽，裝進保鮮夾鏈袋密封，靜置半天到一天。

2. 用水輕輕沖洗雞肉，泡在水中約 30 分鐘，期間換幾次水，洗掉鹽分。

3. 在保鮮膜（長度約 30cm）上，放 2 的雞肉捲成棒狀，然後像包糖果一樣把保鮮膜兩端扭緊，調整外型。一開始兩片雞肉對稱並排的話，可以捲得比較漂亮。

4. 在大鍋子裡燒大量熱水，煮沸後放入 3。等到再煮沸時就關火，蓋上鍋蓋，靜置到冷卻。

麻子
memo

有時間的話，可以將火腿從熱水撈出後放進冰箱，肉質會變得緊緻有彈性，更加美味。

溫泉蛋

我做的「晚晚餐」裡，

溫泉蛋是不可或缺的一品。

可以隨意加在蓋飯或是麵上。

自從依照這個做法來烹調，

就從來沒失敗過。

麻子
memo

用鍋子或平底鍋都可以，重點是要讓1公升的熱水完全蓋過蛋。

材料

蛋⋯1～6顆

做法：

1. 把蛋從冰箱拿出來，回溫到室溫。

2. 鍋子裡燒 1 公升的熱水，煮沸後關火，倒入 100cc 冷水。

3. 用湯杓輕輕將 1 的蛋放進鍋子裡，靜置 10 分鐘。10 分鐘之後取出，泡在冷水中降溫。放進冰箱冷藏可保存約五天。

要有一頭秀髮，就要這樣吃

　　我既不是料理研究家，也不是餐廳經營者（麻子食堂只存在網路虛擬世界），我任職於一間專治毛髮問題的診所（限男性），為患者提供從預防掉髮到促進生髮、植髮等治療。治療的方法是每個月來診所就診一次，每天服用膠囊一顆，非常簡單。包含維持現狀在內，有超過九成的患者都見到成效（本診所統計）。有些患者是對未來的頭髮狀況感到擔憂，有些則希望自己的頭髮永遠保持年輕狀態而來就診。

　　我也曾辦過一項活動，運用料理的知識設計出有益秀髮的菜色。雖然沒辦法因而達到增髮的目的，但就像肥沃的田地能孕育出優質農作物一樣，想要有一頭濃密秀髮，打造健康頭皮及體內環境也很重要。難得有這個機會，最後就來介紹一下「麻子食堂獨創的美髮食譜」。

豆皮可樂餅

用豆皮當麵衣，用平底鍋煎一煎就行，
是一道不需油炸的簡單可樂餅。
馬鈴薯的維他命 B6 含量在蔬菜中名列前茅。
維他命 B6 對於維持皮膚（頭皮）、頭髮、牙齒的健康很有幫助。

材料：2 人份

豬絞肉…80g　　　　　　　　＊配菜（高麗菜絲、蘿蔔芽等）
馬鈴薯…3 顆　　　　　　　　＊沾醬（番茄醬 3 大匙、豬排醬 3 大匙混合）
洋蔥末…1/2 顆份量
豆皮…2 片

鹽、胡椒…適量

1. 平底鍋裡倒進沙拉油，加入豬絞肉跟洋蔥末，拌炒到洋蔥變軟。

2. 馬鈴薯連皮洗乾淨後，不需要包保鮮膜，直接放進微波爐加熱 3 分鐘，再上下翻個面加熱 2 分鐘。能用竹籤刺穿就表示熟透（如果裡頭還很硬，可以再斟酌加熱）。趁熱用廚房紙巾或毛巾包起來剝皮（小心燙手），也可以放涼一點再徒手剝皮。

3. 把 2 的馬鈴薯壓成泥，跟 1 拌勻後用鹽、胡椒調味。

4. 把豆皮放在砧板上，開口朝向自己的外側，用筷子在豆皮上從自己面前由近而遠朝外側滾，這個步驟可以讓豆皮開口比較容易打開。接著拿廚房紙巾上下夾住豆皮，用手緊壓以去除油分。

5. 把 3 塞進 4 裡，然後把開口折起來。放在平底鍋裡用小火乾煎 2 至 3 分鐘，到兩面微焦。跟搭配的蔬菜一起裝盤，最後淋上沾醬。

松井健髮診所

105-0004 東京都港區新橋 1-16-8 第 3 西歐大樓 9F

03-6268-8990 info@ikumore.com http://ikumore.com/

後話

我對料理的感情

我至今仍覺得便利商店或便當店的食物很好吃，也很有飽足感，另一方面總又覺得少了點什麼。想想，如果每天吃的話，很容易造成蔬菜量攝取不足吧。話說回來，每天下班回家都很累，要提振精神好好做頓飯，真的比想像中來得辛苦。只為了每天做頓飯就得搞得麻煩又痛苦，真是太悲哀了。

我平常會先放喜歡的音樂，再進廚房。本書裡介紹這些我做的「晚晚餐」，大多都是能在十五分鐘內搞定的菜色。至於要做哪些令人期待的料理，則是隨時都在思考。我心目中理想的料理不單要好吃，而且還要有一種「幸福」的感覺。另外一個重點就是「輕鬆又有趣」。要做出美味料理，必須要讓做的人也樂在其中。我自己也做得非常開心，甚至還取了個「麻子食堂」的名字。

要做出好吃的菜，或許需要一點點手藝。然而，只要有了新鮮的食材、調味料，以及一起享用的家人朋友，光是這樣就能產生令人心滿意足的好滋味。愉快的交談也是餐桌上的一道好菜。簡單學會幾道有自信的菜色，再隨著季節改變使用的蔬菜，偶爾換換材料，或是嘗試不同的擺盤及餐具，就能帶來每天迫不及待想做菜的樂趣。

　　無論是每天下廚，或是偶爾下廚的人，都希望藉由這本書讓大家在做菜時感覺輕鬆又有趣。

感謝的心

　　我從小就對料理非常有興趣，平常也都自己做飯。不但去專業的甜點學校上課，還會把自己做的家常菜上傳到部落格或最近出現的料理分享網站上，樂此不疲。線上很多朋友看到我的照片紛紛「按讚」，讓我受寵若驚。於是，我自創的「晚晚餐」領域一下子變得好開闊。我一直夢想可以從事跟飲食相關的行業，或是開店、出書，現在透過部落格，讓我覺得自己跟夢想似乎接近了一些。

　　在本書出版之前，承蒙位於渋谷道玄坂的「FebCafe」協助，讓虛擬的麻子食堂走入真實世界，設了一個臨時據點。很多來捧場的朋友都說「很好吃」、「下次也要自己做做看」，讓我好開心。在那一瞬間，我體會到自己一直以來做菜的動力就是希望看到吃的人露出心滿意足的笑容。於是，我打從心裡決定，未來也要每天開開心心地做出美味的料理。

142

　　最後，我想趁這個機會對幫助打造麻子食堂的各界人士表達感謝。幫我檢查食譜、並且試做的自由作家有賀薰女士；瑞花蔬果店的矢嶋文子女士；在我做菜時拍攝照片的杉田理惠攝影師；開發智慧型手機 APP「miil」的 FrogApps 中村仁先生和他的團隊；建議我「如果有出書的夢想，不如先從寫部落格開始」的清田いちる先生以及高橋真弓女士，真的非常感謝。

　　此外，也要謝謝把這本書設計得這麼漂亮的美術設計遠矢良一先生、責編千葉正幸先生，還有以麻子食堂這個主題設計出一連串企劃的創意總監サカタカツミ先生。

　　對於本書的各位讀者以及永遠面帶笑容對我説出幸福咒語──「謝啦！真好吃！」──的先生，我有滿懷的感謝。希望藉由美食，能有越來越多充滿笑容的餐桌。

白坂麻子

主要材料分類索引

146

主要材料分類索引

147

主要材料分類索引

148

主要材料分類索引

149

生活饞｜004

再晚也要一起吃晚餐

作　　者	白坂麻子
譯　　者	葉韋利
責任編輯	林巧涵
執行企劃	張燕宜
封面設計	比比司設計工作室
文字設計	白佩穎
內頁排版	果實文化設計工作室

國家圖書館出版品預行編目 (CIP) 資料

再晚也要一起吃晚餐 / 白坂麻子著；
葉韋利譯 . -- 初版 . -- 臺北市 : 時報
文化 , 2013.10
　　ISBN 978-957-13-5835-2(平裝)
　　1. 食譜

427.1　　　　　　　　　　102019384

董 事 長	孫思照
發 行 人	
總 經 理	趙政岷
副總編輯	丘美珍
出 版 者	時報文化出版企業股份有限公司
	10803 台北市和平西路三段 240 號三樓
	發行專線／（02）2306-6842
	讀者服務專線／ 0800-231-705、（02）2304-7103
	讀者服務傳真／（02）2304-6858
	郵撥／ 1934-4724 時報文化出版公司
	信箱／台北郵政 79 ～ 99 信箱

時報悅讀網	www.readingtimes.com.tw
電子郵件信箱	ctliving@readingtimes.com.tw
第一編輯部臉書	http://www.facebook.com/readingtimes.fans
流行生活線臉書	https://www.facebook.com/ctgraphics
法律顧問	理律法律事務所　陳長文律師、李念祖律師
印　　刷	鴻嘉彩藝印刷股份有限公司
初版一刷	2013 年 10 月 18 日
定　　價	新台幣 250 元

行政院新聞局局版北市業字第八〇號